露营，也不用亏待你的胃！

露营美食
CAMPING FOOD

佟小鹤 | 编著

中国轻工业出版社

图书在版编目（CIP）数据

露营美食 / 佟小鹤编著. —北京: 中国轻工业出版社，
2023.2

ISBN 978-7-5184-3926-3

I.①露… Ⅱ.①佟… Ⅲ.①食谱 Ⅳ.① TS972.12

中国版本图书馆 CIP 数据核字（2022）第 051666 号

责任编辑：张　弘

文字编辑：谢　兢　　　责任终审：劳国强　　封面设计：王超男

版式设计：锋尚设计　　责任校对：晋　洁　　责任监印：张京华

出版发行：中国轻工业出版社（北京东长安街6号，邮编：100740）

印　　刷：北京博海升彩色印刷有限公司

经　　销：各地新华书店

版　　次：2023年2月第1版第3次印刷

开　　本：710×1000　1/16　印张：11

字　　数：200千字

书　　号：ISBN 978-7-5184-3926-3　定价：59.80元

邮购电话：010-65241695

发行电话：010-85119835　传真：85113293

网　　址：http://www.chlip.com.cn

Email：club@chlip.com.cn

如发现图书残缺请与我社邮购联系调换

230010S1C103ZBW

前言

近两年，越来越多的朋友喜欢上了"露营"这件事，跟家人和朋友去接触大自然，放松身心，打造一种属于自己的露营风格……这项户外活动慢慢地变成了生活中的一部分。用露营作为载体，在紧张的工作之余让自己安静下来，增进和朋友之间的感情，培养孩子的生活自理能力，在这个后疫情时代，让生活有另一种定义的方式！

在露营的过程中，我认为"美食"是非常重要的一个环节，这也是我筹划编写本书的初衷，记录平时露营时喜欢做的一些具有代表性的美食，来跟小伙伴们分享，让外出露营时吃得更加丰富，从单一的速食到火锅和烧烤，露营美食也可以做到"色香味"俱全！这本书以露营中会用到的不同料理器具作为切入点，介绍了市面上常见的露营美食相关的设备，以及平时在户外制作美食时的使用方法、适用范围和优缺点，给读者一点选购的参考意见。

本书包含六大类别的料理方式：烧烤类、汤锅类、平底锅类、盒饭类、小吃类和饮品类，详细介绍了80道不同类型的美食，每道菜谱都有食材用料和详细的操作步骤及配图。追求以最简单的料理方法尽可能地还原出食材本身的味道，哪怕是厨房小白也可以轻松完成一顿丰盛的露营大餐！还可以通过跟朋友的共同协作，来增加露营的乐趣。

书的最后，还总结了针对不同露营季节、环境和人数所建议的装备搭配、露营地选择的注意事项以及装备的使用范围，希望这本书能成为户外露营活动的一本实用工具书，给喜欢露营的朋友一点借鉴作用。

目录

计量单位对照表

1茶匙固体材料=5克　　1茶匙液体材料=5毫升

1汤匙固体材料=15克　　1汤匙液体材料=15毫升

Chapter 1
露营美食器具

Chapter 2
食材的选购、保存和处理

Chapter 3
烧烤类

时蔬烤全鸡
32

巴斯克风味鸡
34

日式圆葱鸡肉串
36

培根卷
38

韩式煎猪五花
39

锡纸烤排骨
40

迷迭香煎羊排
42

新疆羊肉串
44

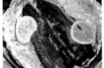
Chapter 4
汤锅类

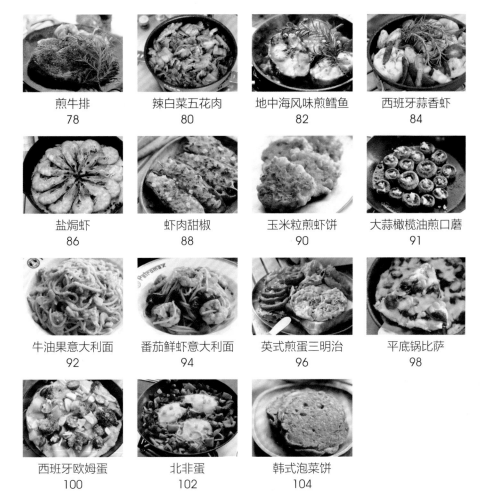

Chapter 6
盒饭类

Chapter 7

小吃类

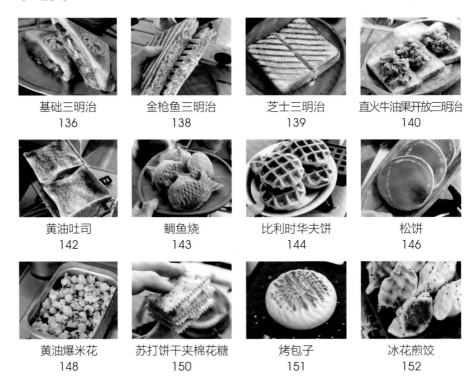

红豆汤烤年糕
154

Chapter *1*

露营美食器具

料理器具

荷兰锅

适用场景： 特别适合在户外精致露营中使用，是制作烤鸡、炖煮、比萨、面包的首选工具。

优点： 锅体厚实导热性好，加上盖子可以达到一个密闭压力锅的效果。盖子上还可以放置木炭，使用范围广，可谓露营美食万能锅具，可以煎炒、炖煮、烘烤。不挑火源，柴火和燃气炉均可加热。

缺点： 体积较大，重量沉，不方便携带，使用完毕需要一定的养护措施。

铝制汤锅

适用场景： 户外露营和精致露营都可使用。

优点： 重量轻、适用范围广，携带方便，经常作为户外炖制食材的器具来使用，可以根据使用人数来选择不同的规格。现代铝制餐具大部分都经过了硬质阳极氧化处理，能有效避免食物和铝的接触，更加健康。

缺点： 外形单一，颜值略低。

韩式铜锅

适用场景： 精致露营使用。

优点： 以黄铜作为主要材质，适合炖煮一些韩式和日式的料理，导热快，性价比高。

缺点： 导热太快，不适合大火炒制。

羽釜锅

适用场景： 精致露营使用。

优点： 锅体采用铸铝，受热均匀，可以用柴火、燃气炉进行加热，经常作为焖饭的制作器具来使用，也可作为炖制的器具使用。

缺点： 重量略重，不建议在锅里直接爆炒食材。

纯铁煎烤盘

适用场景： 多人聚餐，同时也适合单人露营使用。

优点： 无涂层的纯铁煎烤盘，适合料理牛排和其他肉类食材，适用场景多，适配多种火源进行加热。

缺点： 重量略重。

不粘煎烤盘

适用场景：户外露营煎烤食材，主要是煎烤肉类，也可以临时作为加热食材的器具使用。

优点：不粘涂层设计，一般直径略大，重量较轻，并且带有导油槽设计。

缺点：一般的煎烤盘体积都相对较大。

铸铁锅

适用场景：精致露营使用。

优点：铸铁锅一般采用无涂层的铸铁来打造，加热均匀，蓄热能力强，能量存储稳定，可以在明火上加热，经常用来烹饪肉类食材。

缺点：重量略重，不便于携带。

生铁锅

适用场景：精致露营使用。

优点：锅体采用无涂层的生铁作为原料，导热好，质感好，可以在明火和燃气炉上直接操作，常用来制作肉类和蔬菜的煎制。

缺点：体积偏大，重量偏沉，不便于携带。

户外不粘锅

适用场景：适合精致露营和户外穿越。

优点：结合了户外锅具的易收纳特点，增加了不粘涂层，料理食材方便快捷，易清洁，容易打理，把手可折叠，收纳方便。

缺点：体积不大，适合1~2人使用。

爱路客户外套锅

适用场景：精致露营时可多人同时使用。

优点：户外套锅材质多为硬质氧化铝材质，重量轻，耐磨且易清洗。一般分为大小汤锅和大小炒锅，以套装的形式收纳在一起，收纳后体积小，节省空间。适用于多种料理方式，一套锅具可以满足户外露营时，炒菜、炖煮、烧水等需求。

缺点：锅具质感不强。

硬质氧化铝平底锅

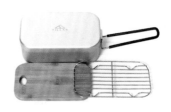

适用场景： 户外穿越。

优点： 表面采用硬质氧化铝材质，耐磨、耐刮、耐腐蚀，易清洗，重量轻，好收纳，为户外露营人士所喜欢。

缺点： 造型单一，质感不强。

铝制饭盒

适用场景： 适合户外穿越，是单人露营的首选器具。

优点： 材质为铝，体积小，重量轻，便于携带。搭配蒸格可以实现多种料理方式，比如：焖饭、炖煮、蒸制、烟熏等，是露营中不能缺少的一个烹饪工具

缺点： 容量不大，一般为单人使用。

钛制饭盒

适用场景： 适合户外穿越，是单人徒步穿越露营的首选装备。

优点： 材质为钛，收纳后体积小且重量轻，一般分为底部饭盒和盖子两个部分，可以分别进行食材的料理。

缺点： 容量小，一般为单人使用。

三明治夹

适用场景： 精致露营中的小吃制作。

优点： 有分体式和一体式，操作便捷，可以制作三明治，也可以用来当作临时煎锅使用，煎制其他食材，比如鸡蛋、包子、饺子等。

缺点： 收纳体积较大，重量稍重。

日式烤网

可以直火加热吐司面包、制作日式烤年糕，还可以当作一个小型的单人烤网来制作烤肉。

一次性锡纸盒

进行各种食材的加热处理，一般用在明火上加热，有不同的大小可供选择。

烧水器具

柴火烧水壶

适用场景： 适合多人露营时使用。

优点： 不锈钢材质，有把手可以直接挂在吊架上通过柴火直接加热，也可以用燃气炉进行加热。容量大，适合多人同时使用。

缺点： 体积重量较大，占用空间。

户外烧水壶

适用场景： 户外穿越。

优点： 硬质氧化铝材质，耐磨、耐刮、易清洗，重量轻且收纳后体积小，一般为户外徒步时使用。

缺点： 造型单一，体积小。

铝制烧水壶

适用场景： 单人露营的轻量化装备。

优点： 采用铝来制作，重量轻，体积小，携带方便，可以搭配手冲壶嘴，来实现手冲咖啡的制作。

缺点： 容量偏小。

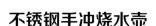

不锈钢手冲烧水壶

适用场景： 精致露营。

优点： 可以直接在燃气炉上加热，壶嘴是为手冲咖啡设计，可以直接制作手冲咖啡。

缺点： 携带体积大，壶嘴设计占用空间较大，不便携。

户外茶壶

适用场景： 精致露营。

优点： 硬质氧化铝材质，中式茶壶造型，搭配木质壶盖，皮质的防烫把手，是爱茶人士所青睐的户外茶具。

缺点： 质感不强。

摩卡壶

适用场景： 适合精致露营和单人露营时使用。

优点： 材质为铝，可以做出花样丰富的咖啡调制饮品。颜值高，有不同大小可选。

缺点： 不能作为烧水壶使用。

餐具

木质餐具

质感好，颜值高。

不锈钢餐具

耐磨，耐刮，防腐蚀，容易清洗，携带方便。

搪瓷餐具

颜值高，易清洗，耐热好打理。

塑料餐具

重量轻不易碎，便于打理，颜色多样可选。

可再生餐具

环保耐用，可以回收再生，耐高温和低温。

厨具

户外厨具一般采用铝制、不锈钢、木质器具为主，有菜板、炒勺、汤勺、夹子等。

刀具

户外刀

莫拉mora，瑞典户外品牌，这把是户外多用途直刀，可以切割和雕刻食材，切割火种和木材，刀刃是不锈钢材质，集成有镁棒，可以用刀背直接打火。

厨刀

欧皮耐尔opinel，法国户外品牌，号称法国人的第十一根手指，可以折叠收纳，有不同大小的型号可以选择，刀刃有不锈钢和碳钢可选。

多功能刀

索格SOG多功能刀集成了工具刀、螺丝刀、锯子、钳子、开瓶器、开罐器等功能，是户外露营必备的装备之一。

炉具

单头燃气炉

适用场景: 轻量化露营,单人户外露营。

优点: 采用长气罐作为燃料,体积小且携带方便。便携单人露营的灶具之一。

缺点: 功率偏小,不能提供长时间、大功率的食材制作,尤其气温低时火力会下降。

注意事项: 使用过程中,燃气罐平放,缺口位置朝上,不要随意挪动气罐和炉体,以免气流不稳定造成安全隐患。

使用方法:

1 首先把气罐对准卡槽,顺时针拧紧安装到位。

2 旋转火力调节旋钮,并且按动电子打火装置进行打火。

3 调整火力调节旋钮,调节火力大小。

4 使用完毕后,关闭火力调节,直至熄灭。

双头燃气炉

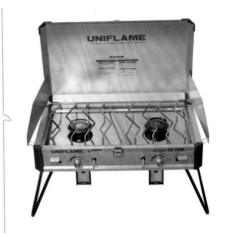

适用场景：多人精致露营，需要同时使用多炉灶进行料理。

优点：灶具主体是不锈钢材质，采用的是长气罐作为燃料，重量3.9千克，功率能达到3900瓦。颜值高，功率大，双炉灶能同时进行操作。

缺点：体积大，重量沉，携带不方便，使用的长气罐在温度低时火力会下降。

注意事项：使用过程中，不要直接拔掉燃气罐，不要随意挪动气罐和炉体，以免气流不稳定造成安全隐患。

使用方法：

1 取出炉具，打开底部支撑腿。

2 把燃气罐安装到位，底部卡槽卡住燃气罐底部。

3 打开盖板，安装好侧面防风板。

4 旋转火力调节旋钮，并且按动电子打火装置进行打火。

5 调整火力调节旋钮，调节火力大小。

6 使用完毕后，关闭火力调节直至熄灭，取下燃气罐即可。关闭盖板，收纳支撑腿，放入收纳袋。

高山气罐燃气炉

适用场景： 单人户外露营、徒步露营。

优点： 体积小，重量轻，火力大，使用高山气罐为燃料对环境适应能力强。炉具和高山气罐由一根气管连接，受温度影响小，户外穿越的首选，能在极端环境里持续使用。

缺点： 分体式结构，料理过程中，锅具不是特别稳定。

注意事项： 使用时炉具应该放置平稳，以免造成炉具倾斜，高山气罐连接前切勿左右摇晃，使得气体液化不均匀，连接时气罐接口冲上，快速旋转接口位置拧紧，拧紧之后气罐放置平稳方可使用。

使用方法：

1 取出炉具，打开支撑腿。

2 接上高山气罐。

3 旋转火力调节旋钮，按动电子打火进行打火。

4 调整火力调节旋钮来选择不同的火力大小。

5 使用完毕，关闭火力调节，直至熄灭，取下高山气罐。

6 等待炉头冷却即可收纳保存。

焚火台

适用场景： 精致户外露营和单人露营。

优点： 不锈钢材质，可以烧柴或者烧炭来提供烹饪和取暖。可以加上烤网烧烤，或者直接进行锅具的加热，还可以给吊锅进行加热，是冬季露营不可缺少的取暖装备。

缺点： 木材和炭的体积、重量都过大。

注意事项： 要在正规的营地，按照营地规定安全使用，搭配好隔热毯。燃烧之后要等炭火完全熄灭后再进行收纳。

使用方法：

1 把焚火台从收纳袋中取出。

2 把焚火台打开，配件安装到位。

3 把木材或者炭放入焚火台里，用喷火枪或者引燃棒进行引燃。

4 使用之后把炭渣清理干净，收纳入袋。

酒精炉

适用场景： 适合单人或者徒步露营，普通露营中常作为备用炉具使用。

优点： 小巧轻便，方便携带。

缺点： 酒精炉的稳定性和防风性较弱，燃烧性能低，不适用于恶劣环境下的露营。

注意事项： 可以选择浓度95%或者以上的液态酒精。初次使用酒精炉的时候，酒精要加到八分满，点燃后先预热3~5分钟，火焰稳定之后可以正常使用。中途添加酒精，要先灭火，冷却之后再加酒精，酒精炉使用完毕，用盖子灭火，冷却之后盖好盖子收纳。

使用方法：

1　把纯度95%的酒精倒入酒精炉中，2/3左右即可。

2　用打火机点火，等待一段时间，火力从小变大并且稳定之后就可以使用了。

3　可以用盖子调节火力大小。

4　使用完毕，用盖子直接把酒精炉盖上，火即熄灭。

卡式炉

常见的户外露营灶具之一，以长气罐作为燃料，体积稍大，性价比高。

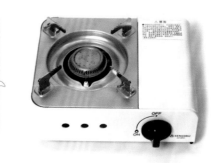

火源

圆形机制炭

又名人造炭、再生炭，是以木质碎料挤压加工而成的炭。密度大，热值高，无味、无烟、无污染，易燃，是国际上公认的绿色环保产品。点燃时需要酒精等助燃物。

果木炭

纯天然果木炭是由优质木材经过炭化工艺而成，燃烧时间长，利用率高，热量高且无烟环保，烧烤时伴有果木的香气。

速燃炭

速燃竹炭可以直接用打火机点燃，使用方便。

直条烧烤竹炭

材料是竹屑，比木炭密度更高，耐烧不易碎，一次可以燃烧3～4小时，燃烧时烟少。点燃时需要酒精等助燃物。

户外电源设备

正浩移动电源

户外移动电源建议选择功率在2000瓦左右，具有快充和其他多种充电方式的电源，比如太阳能充电的大功率户外电源，在营地可以给电磁炉、电饭煲、电炖锅、烧水壶等电器供电，为安心地料理食材提供电源保证。

车载冰箱

能在户外露营中保持食材的新鲜度、冰镇饮料、冻冰块、冷冻食材等，尽量选择15升以上的容量，可以跟移动电源搭配使用。

操作台

活动桌（IGT桌）

爱路客IGT桌活动的桌板可以取下来换成灶具、收纳盒、烧烤炉等扩展装备，增加了桌子的功能性，一般为精致露营玩家所青睐。

组合桌

可以组成不同的长度和高度，桌面材质有金属和木质可选，可以作为操作台来使用，也可以作为置物架来使用，还可以跟其他很多装备拼搭使用。

蛋卷桌

颜值高，承重力强，面积大，可以作为操作台或者餐桌来使用，上面可以放炉具进行料理操作。

铝制桌

重量轻，携带方便，表面为铝制金属材质，耐磨易打理，可以直接放置炉具进行料理操作，也可以作为餐桌来使用。

Chapter *2*

食材的选购、保存和处理

食材的选购

一般选用容易料理、料理时间短、便于携带、不易变质的食材，可以保持食物本身的味道。也可以选购一些半成品和调料，简化料理步骤。

肉类

牛肉　烧烤用牛肉可以选用里脊、肉眼等常见部位。可以提前进行分割和腌制，也可以购入半成品，带到露营地直接料理。

猪肉　选购烧烤用猪五花、里脊肉、猪肋排等部位，切片不宜太薄，以免户外料理时烤焦，也可以提前腌制，或者选用半成品腌制类产品直接烹饪。

羊肉　烧烤用建议选择羊腿肉或者羊排，可以提前腌制或者穿成羊肉串，到露营地直接料理。

鸡肉　可以选择鸡腿、鸡翅、鸡胸肉等部位，或者腌制类鸡产品，按照料理所需选购。

海鲜　选用当季海产品。由于海鲜变质较快，在携带途中需要放冰桶中保存！

蔬菜

蔬菜可以选择便于携带不易变质的种类，比如根茎类、洋葱、花菜类、绿叶菜等。绿叶菜可以提前清洗，分割好后，用厨房用纸包裹住，放入保鲜盒保鲜，注意避免挤压！

罐头

可以选择市面上售卖的罐头直接加热食用，或者选用猪肉罐头、鱼肉罐头、午餐肉跟其他食材搭配料理，缩短料理时间。

半成品

可以选择市面上出售的腌制肉类、腌制鱼类、腌制香肠、分装海鲜、分装蔬菜等产品，带到营地进行简单加热或者料理，即可食用。

猪肉罐头

午餐肉

鱼肉罐头

🍙 主食

露营中可以选择可直接食用的主食，比如吐司、面包、包子、馒头、饺子等，也可以选择意大利面、大米这类通过简单料理就可以食用的主食。

🧂 调料

户外露营美食制作建议用最少的调料还原食物本身的味道，或者也可以用一些复合调料汁对食物进行料理，简化料理步骤。

调料包 黑胡椒，盐，生抽，油，花椒，八角，辣椒等。

复合调料汁 黑胡椒酱，照烧酱，泰式甜辣酱，咖喱酱，辣椒酱，咖喱块等。

复合调料汁

意大利面

辣椒酱

咖喱块

食材的保存

分装盒

可以把食材提前进行清洗和分装，然后放入分装盒带到营地进行料理。

保温箱

可以根据露营的人数和天数来选择不同的容量，可以在底层放置结冰的冰盒或者瓶装水，中间放置密封容器，最后再放上容易损坏的蔬菜类，可以保持食材1~2天处于冰镇的状态。肉类和海鲜类应用密封袋包装，避免串味或肉汁流出。

保温水壶

尽量选择1升以上容量，可供营地多人使用，也可以存放热水、冰水、冰块或者用来焖粥。

冰盒

根据保温箱的大小选择不同大小的冰盒，提前放到冰箱冷冻，然后放在保温箱中对食材进行保鲜，也可以将瓶装水进行冷冻，充当冰盒保鲜。

冰桶

可以放入冰块和饮品，夏天能使食材保持冰镇状态，也可以作为保温桶来保存食材，或者作为水桶来给营地提供水源。

食材的分装、处理与携带

◎ 肉类

提前预处理，清洗分割，有需要腌制的提前放入密封袋腌制、保存，然后放入保温箱携带到营地进行料理。

◎ 根茎类蔬菜

清洗干净并放入密封袋中保存。若是准备多人份，也可以直接携带至露营场地，使用前取出，清洗干净后再进行料理。

◎ 鱼类以及海鲜

事先解冻，收拾，清洁干净，需要提前腌制的可以放入调料进行腌制，然后放在保鲜袋中保存，最后放入保温箱中，携带到营地进行料理。

◎ 叶菜类

按照种类分别清洗干净并包裹厨房用纸，放入保鲜袋中，再放入保温箱携带，可保持叶菜类的新鲜。

Chapter **3**

烧烤类

本章用到的器具

直条烧烤竹炭 p.22

圆形机制炭 p.22

速燃炭 p.22

果木炭 p.22

焚火台 p.20

荷兰锅 p.12

不粘煎烤盘 p.13

纯铁煎烤盘 p.12

时蔬烤全鸡

🧂 材料

整鸡·················1只	迷迭香、黄油、	料酒················20克
小土豆···············5个	橄榄油··········各适量	蜂蜜················20克
胡萝卜···············1根	盐·················5克	黑胡椒碎··············1克
大蒜················2瓣	生抽···············30克	
小洋葱···············5个	蚝油···············30克	

🕐 步骤

1 整鸡去内脏洗净，加入盐、生抽、蚝油、料酒、蜂蜜、黑胡椒碎、橄榄油涂抹均匀，装入保鲜袋，放入冰箱腌制一天。

2 把大蒜、小洋葱和迷迭香放入腌制好的整鸡身体里；把胡萝卜、小土豆、小洋葱切成小块。

3 用黄油涂抹在整鸡的外表上。

4 荷兰锅内铺上锡纸，放入烤网，将小土豆块、小洋葱块、胡萝卜块、大蒜放在上面，然后放入腌制好的整鸡。

5 把荷兰锅放在炭火上，然后在盖子上添加木炭。

6 烤制30分钟，整鸡完全变成金黄色即可。

巴斯克风味鸡

材料

鸡腿···············5个	番茄···············1个	黑胡椒···············1克
青红椒···········各1个	番茄罐头·········200克	橄榄油···············适量
洋葱···············半个	白葡萄酒·········100克	
大蒜···············3瓣	盐·················4克	

步骤

1 青红椒切块，洋葱切丝，大蒜切片，番茄切块备用。

2 荷兰锅内放入橄榄油，然后放入鸡腿煎至金黄色。

3 然后放入大蒜片，青红椒块，洋葱丝，番茄块炒香。

4 加入番茄罐头和白葡萄酒，倒入适量的水，没过食材即可。

5 加入盐和黑胡椒调味，盖上盖，小火慢炖。

6 炖至汤汁黏稠，鸡腿完全熟透即可。

日式圆葱鸡肉串

🧂 材料

鸡腿肉 ……………300克	料酒………………10克	蚝油………………10克
盐 …………………2克	生抽………………10克	蜂蜜………………10克
黑胡椒碎……………1克	老抽………………10克	大葱………………适量

🕐 步骤

1 把鸡腿肉切成大块，加入盐、黑胡椒碎、料酒腌制30分钟。

2 把大葱的葱白部分切成段备用。

3 把腌制好的鸡肉和葱白穿成串。

4 把生抽、老抽、蚝油和蜂蜜调制成酱汁备用。

5 把穿好的鸡肉串放在炭火上，两面刷酱汁烤制。

6 最后烤至金黄色即可。

培根卷

🧂 **材料**

芦笋·············5根	盐··············2克	橄榄油··············适量
培根·············5片	黑胡椒碎············1克	

🍳 **步骤**

1 芦笋洗净，除去根部备用。

2 用整条培根包裹1根芦笋。

3 煎烤盘放入橄榄油，放入培根卷煎制。

4 煎至金黄色加入盐和黑胡椒碎调味即可。

韩式煎猪五花

材料

猪五花肉·········1000克
葱花·················10克
蒜末·················10克

白糖·················15克
韩式辣酱···········15克
生抽·················15克

香油·················10克
白芝麻·············适量
辣白菜·············适量

步骤

1　把葱花、蒜末、白糖、白芝麻、韩式辣酱、生抽和香油混合成蘸料备用。

2　猪五花肉切成大片，辣白菜切成小块备用。

3　烤盘加热，放入五花肉，四面煎至金黄色。

4　放入辣白菜炒香，煎制好的猪肉蘸上酱汁即可食用。

锡纸烤排骨

材料

猪肋排 …………… 1000克	老抽 …………………… 15克	盐 …………………………… 5克
料酒 ……………… 20克	蚝油 …………………… 15克	黑胡椒碎 ………………… 1克
生抽 ……………… 40克	蜂蜜 …………………… 20克	蒜末 ……………………… 10克

步骤

1　猪肋排洗净、除去筋膜，加入料酒、生抽、老抽、蚝油、蜂蜜、盐、黑胡椒和蒜末拌匀，放在保鲜袋中腌制过夜。

2　用锡纸把腌制好的排骨包两三层，然后放在炭火上烘烤40分钟。

3　把排骨从锡纸中取出后放在明火上烤。

4　排骨烤至焦黄色，肉熟即可食用。

迷迭香煎羊排

材料

羊排 …………………… 4个
海盐 …………………… 3克
黑胡椒碎 ……………… 1克

迷迭香 ………………… 3支
口蘑 …………………… 5个
黄油 …………………… 10克

大蒜、橄榄油 …… 各适量

步骤

1 羊排处理干净，加海盐、黑胡椒碎、迷迭香、橄榄油腌制30分钟。

2 口蘑对半切开，大蒜切片备用。

3 铁板烧热，倒入橄榄油，放入羊排，煎至两面金黄色。

4 放入黄油、大蒜和口蘑，煎出香味。

5 然后把羊排取出，醒肉5分钟。

6 放入迷迭香，煎至金黄色，最后把羊排放回铁板上，加入盐和黑胡椒碎调味即可。

新疆羊肉串

材料

羊肉	750克	白胡椒粉	3克	孜然、辣椒面	各适量
葱段	3段	啤酒	50克	盐、竹签	各适量
姜片	3片	鸡蛋	1个	洋葱碎	少许
花椒	1把	淀粉	5克		

步骤

1　羊肉切成小块，葱段、姜片、花椒中加入温水调制成花椒水备用。

2　羊肉中加入50克花椒水抓匀，再加入白胡椒粉、啤酒、洋葱碎、鸡蛋和淀粉拌匀，腌制30分钟。

3　竹签事先在水中浸泡一下，把腌制好的羊肉，穿成肥瘦相间的羊肉串。

4　烧好炭，等炭表面没有明火、泛白的时候放入羊肉串。

5　把羊肉串烤制表面金黄色。

6　最后撒上适量的盐、孜然和辣椒面调味即可。

锡纸烤牛肩肉

🍶 **材料**

牛肉	300克
金针菇	150克
芹菜	150克
洋葱	半个
胡萝卜	半根
生抽	20克
蚝油	15克
料酒	10克
盐	2克
糖	10克
淀粉	10克
清水	20克
黑胡椒碎	1克
白芝麻、香菜	各适量

⏱ **步骤**

1 牛肉切片，加入生抽、蚝油、料酒、盐、糖、淀粉和清水抓匀，腌制30分钟。

2 金针菇去根，芹菜切段，洋葱切条，胡萝卜切条。

3 锡纸盒上放金针菇、芹菜、洋葱、胡萝卜，然后放上牛肉，撒上盐和黑胡椒碎。

4 将锡纸盒放在焚火台上，然后放在火上加热10分钟，出锅时撒上白芝麻和香菜即可。

蒜子牛肉粒

步骤

材料

牛肉	300克
大蒜	1瓣
淀粉	2汤匙
食用油	15克
老抽	10克
黑胡椒酱	30克
糖	10克
盐	2克

1　牛肉切成大概2厘米见方的小块。

2　切好的牛肉中加入淀粉、食用油、老抽、黑胡椒酱、糖和盐腌制20分钟。

3　煎烤盘放底油，加入大蒜炒至金黄色取出。

4　然后放入牛肉块，大火炒1分钟左右，放入大蒜炒匀出锅。

黄油烤扇贝

材料

扇贝·····················6个
黄油····················30克
盐·······················3克
葱花、蒜末·········各适量
柠檬汁、粉丝······各适量

步骤

1 扇贝处理干净，放在明火烤网上。

2 每个扇贝分别放上黄油和盐。

3 等到扇贝煮开，放上粉丝，滴上柠檬汁。

4 最后撒上葱花和蒜末即可。

锡纸柠檬烤三文鱼

材料

三文鱼 ··············· 500克
柠檬 ·················· 1个
黑胡椒碎 ············· 1克
海盐 ·················· 2克
黄油 ·················· 50克
蜂蜜 ·················· 20克
大蒜 ·················· 3瓣
欧芹碎 ··············· 适量

步骤

1 三文鱼用黑胡椒碎和海盐腌制20分钟，大蒜切末，柠檬切片。

2 小碗加热，放入黄油、蜂蜜和蒜末搅拌均匀。

3 三文鱼放在锡纸上，涂上黄油酱料，放上柠檬片和欧芹碎。

4 三文鱼用锡纸包好，放在火上加热15分钟即可。

盐烤青花鱼

🍶 材料

青花鱼 ··············· 2条	柠檬 ·············· 半个	黑胡椒碎 ············· 1克
海盐 ··············· 2克		

⏲ 步骤

1 青花鱼洗净，用海盐、榨出的柠檬汁和黑胡椒碎腌制20分钟。

2 荷兰锅放上烤网铺上锡纸。

3 把腌制好的青花鱼放在锡纸上，上面放2片切好的柠檬片。

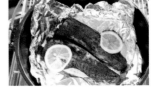

4 加盖，盖上放炭，烤制15分钟，至青花鱼表面金黄色即可。

锡纸烤茄子

材料

长茄子	2个	盐	2克	葱花、蒜末	各适量
蒸鱼豉油	20克	食用油	30克	小米椒	适量
生抽	10克	孜然粉	1克		

步骤

1 长茄子涂上食用油，用锡纸包好后，放在火上烤30分钟，烤至茄子摸上去已经软了即可。

2 把蒸鱼豉油、生抽、盐、食用油、孜然粉、葱花、蒜末、小米椒调成调料汁备用。

3 把茄子从中间切开，抹上调料汁。

4 把茄子放在锡纸盒里，放在火上继续烤10分钟即可食用。

烤什锦蔬菜

材料

胡萝卜、彩椒、
西蓝花、土豆、
洋葱、蒜末 ········ 各适量
橄榄油 ················30克
盐 ····················4克
黑胡椒碎 ··············1克

步骤

1 把所有蔬菜切成小块
备用。

2 在切好的蔬菜中加入橄
榄油、盐、黑胡椒和蒜
末搅拌均匀。

3 把食材放在锡纸中包好
备用。

4 把包好的食材放在焚火
台上,烤20分钟即可。

烤面包

🧴 材料

高筋面粉·············200克
水···················110克
橄榄油···············12克
盐····················2克
糖····················15克
即发干酵母···········4克

🍳 步骤

1　把所有材料放在大碗中和成一个面团。

2　然后把面团放在一个温暖的地方发酵45分钟左右，发酵至两倍大小。

3　把发酵好的面团放在油纸上，撒上干面粉，用刀割开花纹。

4　事先预热好荷兰锅，然后放入面包，上面放上木炭，烤制20分钟，至表面金黄色即可。

烤苹果

🧴 **材料**

苹果·····················3个　　　　黄油·····················30克　　　　砂糖·····················30克

🕐 **步骤**

1 苹果洗净，从上面挖掉苹果心，注意不要挖透。

2 用锡纸把苹果包裹上。

3 荷兰锅里面放上格网，把苹果放入其中。

4 每个苹果内分别放入10克黄油和砂糖。

5 盖上盖子，放入炭火中，锅盖上面放上几个炭。

6 烤制40分钟，至苹果完全变软即可。

Chapter **4**

汤锅类

本章用到的器具

爱路客户外套锅 **p.13**

羽釜锅 **p.12**

韩式铜锅 **p.12**

咖喱土豆鸡块

材料

鸡腿·····3个	洋葱·····半个	盐·····3克
土豆·····1个	咖喱块·····3小块	
胡萝卜·····1个	食用油·····适量	

步骤

1　鸡腿去骨、切成小块备用，土豆切块，胡萝卜切块，洋葱切块备用。

2　锅里放食用油，放入洋葱炒至变色。

3　放入鸡腿肉炒至变色。

4　放入土豆块和胡萝卜块炒均匀，添水炖10分钟。

5　加入咖喱块煮5分钟。

6　最后加入盐调味即可。

酒蒸蛤蜊

材料

蛤蜊·······500克	日式生抽·······10克	葱花·······适量
干辣椒·······10个	黄油·······10克	
日式味醂·······50克	大蒜·······5瓣	

步骤

1 蛤蜊提前泡水，吐干净沙子备用，大蒜切片。

2 把蛤蜊放入锅中，加入日式味醂、日式生抽和黄油。

3 加上干辣椒和蒜片，盖好盖，放在火上，中火加热。

4 等到蛤蜊全部开口，撒上葱花即可食用。

寿喜锅

材料

黄油·····················20克
肥牛·····················200克
大葱······················1段

炸豆腐····················5块
香菇······················3个
娃娃菜、金针菇···各适量

茼蒿······················适量
盐························2克
寿喜锅调料·········200克

步骤

1 锅底放入黄油，加热至融化。

2 放入大葱和肥牛，炒至肥牛变色。

3 把炸豆腐、香菇、娃娃菜、金针菇和茼蒿均匀地码放在锅中。

4 添水后，放入寿喜锅调料和盐，煮开即可食用。

罗宋汤

材料

牛肉·····················200克
洋葱······················半个
土豆·······················1个

胡萝卜·····················1个
娃娃菜·····················1个
番茄·······················1个

黄油······················10克
盐·························4克

步骤

1 牛肉切块，洋葱、土豆、胡萝卜、娃娃菜切丁。

2 番茄划十字刀，在火上烤一下，去皮、切丁备用。

3 锅中放黄油，放入洋葱炒香。

4 然后放入牛肉炒至变色。

5 放入番茄丁，添水煮30分钟。

6 放入切好的胡萝卜、土豆、娃娃菜，加盐继续炖至食材全熟即可。

奶油炖菜

材料

西蓝花 ·············· 半个	鸡腿肉 ·············· 2个	黑胡椒碎 ·············· 1克
土豆 ·············· 1个	黄油 ·············· 20克	盐 ·············· 3克
胡萝卜 ·············· 1个	面粉 ·············· 20克	料酒 ·············· 10克
口蘑 ·············· 5个	牛奶 ·············· 300克	橄榄油 ·············· 适量
洋葱 ·············· 半个	淡奶油 ·············· 200克	

步骤

1 西蓝花洗净、切小块，土豆切丁，胡萝卜切丁，口蘑切开，洋葱切丁备用。

2 鸡腿肉切块，加入黑胡椒碎、盐和料酒腌制一下。

3 锅中放入黄油，小火加热，放入面粉炒匀，加入牛奶搅拌均匀，制作成白酱取出备用。

4 锅中放橄榄油，加入洋葱、鸡腿肉炒至变色。

5 然后放入土豆、胡萝卜、口蘑、白酱和淡奶油，添水煮开。

6 最后加入西蓝花，煮至汤汁黏稠，加盐调味即可。

日式炖南瓜

🕐 **步骤**

🍶 材料

南瓜··················500克
白糖··················20克
淡口酱油···············20克
清酒··················20克

1 南瓜去皮、切大块备用。

2 把南瓜放在汤锅中，加入白糖，静置10分钟。

3 加入淡口酱油和清酒，添水至没过南瓜。

4 开大火，烧开后盖上盖，然后转小火煮15分钟即可。

韩式部队火锅

🍲 **步骤**

🍲 材料

辛拉面·················1袋
韩式辣酱···········2汤匙
雪碧················200克
芝士片·················2片
牛肉片···············300克
年糕·················1袋
鱼丸·················5个
午餐肉················1块
洋葱················半个
香菇················3个
西葫芦、金针菇··各适量
娃娃菜、泡菜·····各适量

1 把辛拉面的调料包、韩
式辣酱和雪碧混合成酱
汁备用。

2 把所有食材，牛肉片、年
糕、鱼丸、午餐肉、洋
葱、西葫芦、香菇、金针
菇、娃娃菜、泡菜均匀地
码放在锅里。

3 添好水，加入酱汁，放
在炉具上煮至沸腾。

4 然后放入辛拉面，铺上
芝士片，等到拉面全熟，
即可食用。

冬阴功汤面

材料

大虾·····3个	南姜·····3片	白胡椒·····1克
青口·····3个	椰汁·····20克	盐·····2克
冬阴功酱·····30克	鱼露·····5克	面条·····1份
香茅·····1克	青柠·····半个	

步骤

1 将准备好的大虾和青口清洗干净。

2 锅里添好水，放入冬阴功酱、香茅、南姜、椰汁、鱼露煮开。

3 把大虾、青口和青柠放入锅中煮开。

4 放入白胡椒和盐调味。

5 水开后，放入面条，煮熟后盛出备用。

6 最后把煮好的面条放入汤中即可。

意大利汤面

材料

培根·················3条	口蘑·················5个	盐·················2克
洋葱·················半个	意大利面·············100克	橄榄油·················适量
大蒜·················3瓣	牛奶·················200克	
芦笋·················200克	黑胡椒碎·············1克	

步骤

1 培根切块，洋葱切碎，大蒜切碎，芦笋切段，口蘑切片备用。

2 锅中放橄榄油，放入大蒜、培根和洋葱炒香。

3 然后放入芦笋和口蘑翻炒均匀。

4 加入适量的水没过食材，把水煮开。

5 然后放入意大利面煮熟。

6 最后放入牛奶、黑胡椒碎和盐调味即可。

番茄炖饭

材料

大米	200克	大虾	5个	橄榄油	适量
洋葱	100克	番茄罐头	200克		
大蒜	3瓣	盐	2克		

步骤

1 把洋葱切碎，大蒜切碎，大虾去皮、去头、去虾线备用。

2 锅中加入橄榄油，放入大虾炒香。

3 放入洋葱碎和大蒜炒匀。

4 加入番茄罐头，放入大米，添好水，水超出大米2厘米。

5 煮开后，小火慢炖，要时不时用锅铲搅拌一下，注意别粘锅。

6 最后煮至大米完全熟透，汤汁变黏稠，加入盐调味即可。

饺子锅

材料

饺子·····················1份
担担火锅底料··········1个
盐·····················3克

白菜、豆芽·······各适量
豆腐·····················5块

蘑菇·····················2个
韭菜段·················适量

步骤

1 在锅底铺满白菜和豆芽。

2 把饺子均匀地码放在锅中，
中间放上豆腐和蘑菇。

3 加入担担火锅底料和盐，
添水后，盖上盖开始煮。

4 煮开后，放上韭菜段即可。

Chapter 5

平底锅类

本章用到的器具

生铁锅 p.13

铸铁锅 p.13

户外不粘锅 p.13

硬质氧化铝平底锅
p.14

煎牛排

材料

牛排·················1片
盐···················2克
黑胡椒碎···········1克

橄榄油··············10克
色拉油··············10克
黄油··················10克

迷迭香··············2支
大蒜··················1个

步骤

1 把牛排用厨房纸吸干水。

2 加盐、黑胡椒碎和橄榄油腌制1小时。

3 准备好大蒜，把根部切掉。

4 锅烧热，加入色拉油。

5 放入牛排，大火每面加热1分钟，牛排表面变成金黄色后转小火。

6 放黄油、迷迭香和大蒜增加风味，然后静置3分钟，加盐调味即可食用。

辣白菜五花肉

🍶 材料

五花肉 ············· 250克　　　生抽 ················· 20克　　　葱花、蒜末 ········ 各适量
辣白菜 ············· 200克　　　白糖 ················· 10克

⏲ 步骤

1 平底锅烧热，放入切片的五花肉。

2 放入葱花和蒜末炒香。

3 把五花肉煎至金黄色。

4 加入切块的辣白菜炒匀。

5 放入生抽和白糖调味。

6 最后炒匀即可出锅。

地中海风味煎鳕鱼

🧴 材料

鳕鱼……………………3块　　彩椒………………………1个　　黑胡椒碎…………………1克
番茄罐头………………1个　　辣椒汁……………………5滴　　迷迭香、橄榄油… 各适量
洋葱……………………半个　　盐…………………………2克

⏲ 步骤

1　鳕鱼撒上黑胡椒碎和盐腌制一下。

2　洋葱切末，彩椒切丁备用。

3　锅中放入橄榄油烧热，放入腌制好的鳕鱼两面煎至金黄色，放在一边备用。

4　然后放入番茄罐头，加入辣椒汁炒匀。

5　锅中放入洋葱碎、彩椒炒匀。

6　最后放上迷迭香，撒上盐和黑胡椒碎调味即可。

西班牙蒜香虾

材料

大虾·················500克
盐·····················2克
黑胡椒碎··············1克

大蒜·····················2瓣
干辣椒···················1把
橄榄油·················适量

圣女果·················10个
迷迭香··················2支
欧芹碎·················适量

步骤

1 大虾去头、去皮、去虾线，大蒜切片，圣女果对半切开。

2 处理好的大虾中加入盐和黑胡椒碎，腌制20分钟。

3 锅中放入橄榄油，加入蒜片炒香。

4 放入大虾，煎至大虾变色。

5 放入圣女果翻炒均匀。

6 最后加入迷迭香、干辣椒和欧芹碎炒匀即可。

盐焗虾

材料

大虾	12个	香叶	3片	花椒	1把
粗盐	半袋	桂皮	1段	黑胡椒碎	1克
八角	3个	大蒜	3瓣		

步骤

1 铸铁锅烧热，放入粗盐。

2 放入八角、香叶、桂皮、大蒜和花椒炒匀。

3 把大虾均匀平铺在粗盐上面。

4 加盖锡纸，中小火开始加热。

5 加热约10分钟，至虾肉完全变色。

6 最后撒上适量黑胡椒碎提味即可。

虾肉甜椒

材料

虾滑·················200克
盐·····················2克

黑胡椒碎·············1克
甜椒·················4个

橄榄油·················适量

步骤

1 虾滑里面加入盐和黑胡椒碎搅拌均匀。

2 甜椒去头、去尾，中间切开去掉辣椒丝。

3 把虾滑填入到甜椒里面。

4 平底锅烧热，放入橄榄油，中小火放入甜椒。

5 把甜椒煎至变色，里面的虾肉全熟。

6 最后盛出来放在盘子上装饰即可。

玉米粒煎虾饼

🧂 材料

大虾⋯⋯⋯⋯⋯⋯150克	盐⋯⋯⋯⋯⋯⋯⋯1克	橄榄油⋯⋯⋯⋯⋯⋯适量
玉米粒⋯⋯⋯⋯⋯150克	黑胡椒碎⋯⋯⋯⋯⋯1克	

🍳 步骤

1 大虾剁成泥备用。

2 往虾肉中加入玉米粒、盐和黑胡椒碎混合均匀。

3 平底锅放橄榄油，放入1个混合虾球，然后用锅铲压成饼。

4 虾饼两面煎至金黄色即可。

大蒜橄榄油煎口蘑

材料

口蘑 ···················· 500克
盐 ·························· 2克

黑胡椒碎 ················· 1克

蒜末、黄油 ········· 各适量

步骤

1 口蘑洗净，除去根部备用。

2 平底锅放入黄油，把口蘑朝下煎至变色。

3 把口蘑翻过来，上面撒上盐、黑胡椒碎和蒜末。

4 加盖焖3分钟，焖至口蘑完全变色并且有汁水渗出即可。

牛油果意大利面

材料

牛油果 ················· 1个
意大利面 ··········· 100克
牛奶 ················· 100克

橄榄油 ················· 20克
盐 ······················· 2克

大蒜 ··················· 5瓣
芝士碎 ··············· 适量

步骤

1 牛油果去皮、压成泥，大蒜切片。

2 锅中烧开水，加入一点橄榄油和盐，放入意大利面煮10分钟，然后取出控水备用。

3 平底锅放橄榄油，放入蒜片爆香。

4 放入牛奶和牛油果泥，煮至黏稠。

5 加入煮好的意大利面，混合均匀。

6 把意大利面放入盘子中，撒点芝士碎即可食用。

番茄鲜虾意大利面

🧴 材料

大虾·····················5个
番茄罐头················1个
意大利面···········100克

橄榄油···············20克
盐·····················2克
洋葱···············1/4个

黑胡椒碎··············1克
大蒜···············适量

🕐 步骤

1 锅中烧开水，加入一点橄榄油和盐，放入意大利面煮10分钟，然后取出控水备用。

2 大虾去头、去皮、去虾线，洋葱切末，大蒜切末备用。

3 锅中放橄榄油，放入大虾炒至金黄色。

4 放入洋葱和蒜末炒香。

5 放入1个番茄罐头，煮至汤汁黏稠。

6 加入煮好的意大利面，最后加入盐和黑胡椒碎调味即可。

英式煎蛋三明治

材料

鸡蛋·····················2个	吐司·····················2片	花生酱·················适量
海盐·····················1克	黑胡椒碎·················1克	
黄油····················20克	辣椒仔酱·················1克	

步骤

1 鸡蛋中加入海盐，打散备用。

2 铸铁锅加热，放入黄油，加热至完全液态。

3 把鸡蛋放入锅中，炒成半凝固的状态关火。

4 吐司刷上花生酱，2片叠放起来。

5 把炒好的鸡蛋放在吐司上面。

6 最后撒上黑胡椒碎和辣椒仔酱即可。

平底锅比萨

🍶 材料

吐司……………………3片 　比萨酱……………………3汤匙 　橄榄油、蔬菜粒…各适量
鸡蛋……………………3个 　香肠…………………………1根 　马苏里拉芝士碎……适量

🍳 步骤

1 吐司切成小方块。

2 加入打散的鸡蛋搅拌均匀。

3 平底锅刷上橄榄油，放入吐司块铺平。

4 挤上比萨酱，放上香肠和蔬菜粒，铺上马苏里拉芝士碎。

5 开小火加热，沿着锅边加入一点水。

6 小火加热至芝士碎完全融化即可。

STAINLESS
STEEL

西班牙欧姆蛋

材料

圣女果 ·············· 5个
洋葱 ·············· 半个
彩椒 ·············· 半个
土豆 ·············· 1个

鸡蛋 ·············· 3个
盐 ·············· 2克
黑胡椒碎 ·············· 1克
西蓝花、食用油··· 各适量

火腿 ·············· 1根
芝士粉 ·············· 适量

步骤

1 圣女果对半切开，洋葱切碎，彩椒切块，土豆去皮、切块，西蓝花切块，火腿切块。

2 鸡蛋打散加入盐和黑胡椒碎搅拌均匀。

3 锅中烧开水，放入土豆块，煮至全熟，捞出控水备用。

4 平底锅放食用油，放入火腿炒香。

5 放入洋葱、彩椒、土豆、西蓝花翻炒均匀。

6 然后放入鸡蛋液，翻炒均匀，放入圣女果，盖上盖至蛋饼完全凝固，撒上芝士粉即可。

北非蛋

材料

青椒·················1个　　大蒜·················5瓣　　番茄罐头·············1个
红椒·················1个　　盐···················2克　　鸡蛋·················3个
洋葱················半个　　黑胡椒碎············1克　　葱花················适量
番茄·················1个　　孜然粉··············1克　　橄榄油··············适量

步骤

1 青椒、红椒切碎，洋葱切碎，番茄切碎，大蒜切片备用。

2 锅中放橄榄油，放入洋葱和蒜片炒香。

3 然后放入青椒、红椒和番茄，继续翻炒至变软。

4 加入盐、黑胡椒碎和孜然粉翻炒均匀。

5 加入番茄罐头炒匀。

6 在锅中挖3个位置，打入3个鸡蛋。

7 开小火，加盖锡纸，煎5分钟至鸡蛋全熟。

8 最后撒上葱花即可。

韩式泡菜饼

材料

泡菜·············160克	水·············120克	白糖·············5克
面粉·············100克	酱油·············6克	食用油·············适量
辣椒面·············3克	醋·············6克	

步骤

1 把泡菜、面粉、辣椒面放在碗中，边加水边搅拌成糊状。

2 加入酱油、醋和白糖混合均匀。

3 平底锅烧热放入食用油，放入适量的面糊，煎至一面定形。

4 翻面继续煎，煎至两面都变成金黄色即可。

Chapter 6

盒饭类

本章用到的器具

铝制饭盒 p.14

钛制饭盒 p.14

苹果木烟熏鸡翅

材料

鸡翅·············10个	盐·············1克	迷迭香·············3支
生抽·············10克	食用油·············10克	黑胡椒碎·············1克
蚝油·············10克	大蒜·············5瓣	

步骤

1 鸡翅洗净，正反面划上几刀备用。

2 把鸡翅放在大碗中，加入生抽、蚝油、盐和食用油抓匀，腌制30分钟。

3 准备好苹果木屑，如果木块较大，削成小块。

4 铝制饭盒内铺上锡纸，放上苹果木屑，放上烤网。

5 把腌制好的鸡翅放在烤网上，放上大蒜和迷迭香。

6 放在炉灶上，燃气炉开中火，加热15分钟，加热过程中会有少量烟冒出。

7 最后出锅，撒上适量黑胡椒碎即可。

三文鱼海鲜菇焖饭

🍶 材料

三文鱼 ·············· 100克	色拉油 ·············· 5克	柠檬汁 ·············· 3滴
大米 ·············· 200克	海鲜菇 ·············· 100克	黄油 ·············· 10克
水 ·············· 220克	盐 ·············· 2克	
生抽 ·············· 10克	黑胡椒碎 ·············· 1克	

⏱ 步骤

1　三文鱼洗净用厨房用纸吸干水分。

2　三文鱼放入盐、黑胡椒碎、柠檬汁腌制30分钟。

3　大米淘洗干净加入水，放在饭盒里浸泡30分钟。

4　海鲜菇洗净，加入饭盒里，加入生抽和色拉油搅拌均匀。

5　燃气炉开中火，盖上盖，饭盒留小口，中火加热5分钟左右，有持续的蒸汽冒出，改成小火。

6　盖紧盖，最小火加热15分钟。

7　平底锅放黄油，放入腌制好的三文鱼，两面煎至金黄色。

8　米饭加热好，把煎熟的三文鱼放在上面，加盖继续焖10分钟即可。

牛肉焖饭

🫙 材料

大米	300克	生抽	15克	盐	1克
水	330克	蚝油	10克	葱花	适量
牛里脊肉	200克	食用油	20克		
黑胡椒碎	1克	淀粉	10克		

🍲 步骤

1 牛里脊肉切薄片备用。

2 牛里脊肉中加入黑胡椒碎、生抽、蚝油、食用油、淀粉和盐，抓匀腌制30分钟。

3 大米淘洗干净，加水后放在饭盒里浸泡30分钟。

4 燃气炉开中火，盖上盖子，饭盒留小口，中小火加热5分钟左右，待有持续的蒸汽冒出时，改成小火。

5 把腌制好的牛里脊肉平铺在米饭上面。

6 盖紧盖，最小火加热15分钟。

7 加热完毕后，关火闷10分钟。

8 闷好的米饭撒上葱花，即可食用。

腊肠焖米饭

材料

| 大米 | 300克 | 腊肠 | 2根 | 油菜 | 2棵 |
| 水 | 330克 | 鸡蛋 | 1个 | 生抽 | 10克 |

步骤

1 大米淘洗干净，加水浸泡30分钟。

2 将大米和水放入饭盒中，燃气炉开中火，加热5分钟左右，其间用锅铲搅拌均匀，防止煳底。

3 放入切片的腊肠，改成小火，盖紧盖，最小火加热10分钟。

4 然后打入1个鸡蛋，放上油菜，再加热5分钟后关火。

5 关火之后闷10分钟。

6 最后淋上生抽，拌匀即可食用。

照烧鸡腿饭

🍶 材料

大米·····················200克　　鸡腿·····················2个　　照烧酱、芝麻·····各适量
水·······················220克

🍳 步骤

1 大米淘洗干净加水泡30
　分钟。

2 鸡腿去骨放入照烧酱腌
　制20分钟。

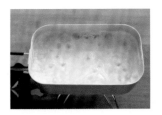

3 把铝饭盒放在火上，中
　火加热5分钟。

4 把腌制好的鸡腿放在饭
　盒中。

5 盖上盖，小火加热15
　分钟。

6 加热完毕闷15分钟，最
　后撒上芝麻和适量的照
　烧酱即可。

辣白菜五花肉盖饭

🫙 材料

大米⋯⋯⋯⋯200克	辣白菜⋯⋯⋯⋯160克	胡椒粉⋯⋯⋯⋯⋯1克
水⋯⋯⋯⋯⋯220克	生抽⋯⋯⋯⋯⋯10克	食用油⋯⋯⋯⋯适量
五花肉⋯⋯⋯⋯200克	辣椒粉⋯⋯⋯⋯⋯2克	

⏲ 步骤

1 大米洗净加水放在饭盒里浸泡30分钟。

2 大米和水按照1：1.1的比例添加好，开始加热。

3 先打开盖子，大火煮开后，待表面没有多余水分时，改成小火，盖上盖继续煮10分钟，然后关火闷10分钟即可。

4 平底锅加少许食用油，加入五花肉翻炒至变色。

5 然后放入辣白菜、生抽、辣椒粉和胡椒粉炒匀。

6 最后把炒好的辣白菜五花肉放到米饭上即可。

罐头盖饭

材料

大米·················200克　　　水·················220克　　　肉罐头·················1个

步骤

1　大米淘洗干净，加水浸泡30分钟。

2　将大米和水放入饭盒中，燃气炉开中火，加热5分钟左右，其间用锅铲搅拌均匀，防止煳底。

3　然后改成小火，盖上盖，最小火加热15分钟。

4　最后关火再闷10分钟即可。

5　肉罐头打开盖子，取出里面的食材放在盖子里，放在燃气炉上小火加热。

6　把加热好的肉罐头和米饭混合在一起即可食用。

南瓜焖饭

材料

大米·················300克   清水·················330克   南瓜丁·················适量

步骤

1 大米洗净放入清水中泡30分钟。

2 放上切好的南瓜丁。

3 把铝饭盒放在火上，开中火加热5分钟左右，待有持续蒸汽冒出改小火。

4 盖紧盖，小火煮15分钟，然后关火焖10分钟即可。

饭盒烧卖

材料

冷冻烧卖……………… 1盒　　　清水…………………… 适量

步骤

1 准备1盒10个装的冷冻
　 烧卖。

2 铝饭盒里放入适量清水，
　 加上蒸格。

3 把冷冻烧卖均匀地摆放
　 在蒸格上面。

4 盖上盖，中火蒸10分钟
　 即可食用。

鸡蛋煎饺

🍶 **材料**

速冻饺子·············5个　　鸡蛋·············1个　　食用油、芝麻······各适量
水·············100克　　盐·············1克

🕐 **步骤**

1 铝饭盒放在炉子上，中小火加热，放上食用油。

2 均匀地摆放好速冻饺子，煎至底部微黄。

3 添100克水，水刚好没过速冻饺子的一半即可。

4 盖上饭盒盖子，中小火加热10分钟左右。

5 加热至水基本没有，把鸡蛋和盐搅拌均匀淋入饭盒。

6 加热至鸡蛋定形即可，最后撒上芝麻。

味噌乌冬面

材料

乌冬面 ················· 1份　　油菜 ················· 3个　　虾丸 ················· 3个
味噌 ················· 1汤匙　　胡萝卜 ················· 半个　　水 ················· 适量

步骤

1 胡萝卜切片，锅中放水，煮开后放入油菜、胡萝卜片和虾丸焯熟。

2 锅中重新放水烧开，放入乌冬面煮开。

3 然后放入1汤匙味噌，用汤匙慢慢化开。

4 最后放入事先焯好的蔬菜即可食用。

韩式煮辣年糕

材料

年糕·····················250克	韩式辣椒酱·········200克	白糖·····················20克
干鱼糕·················20克	生抽·····················10克	白芝麻·················1克

步骤

1 年糕用开水泡10分钟，然后倒掉水，控干备用。

2 钛锅放一半开水，将干鱼糕泡发，然后取出备用，浸泡的水留用。

3 把泡发鱼糕的水留在钛锅里，倒入年糕加热。

4 加入韩式辣椒酱、生抽和白糖搅拌均匀。

5 然后放入事先泡发的鱼糕混合均匀，炖至汤汁黏稠。

6 最后撒上白芝麻即可。

红豆团子

材料

红豆·················100克 　温水·················80克 　白糖·················20克
糯米粉···············100克

步骤

1　红豆洗净，提前浸泡2个小时。

2　然后把红豆放到锅中，添水中小火煮1个小时，煮至红豆开花，汤汁黏稠，关火备用。

3　把糯米粉、温水和白糖和成面团备用。

4　然后把糯米团分割成不同的小丸子。

5　把小丸子放到开水中，煮至丸子浮起，捞出备用。

6　把小丸子和煮好的红豆放在一起加热即可。

烤蛋挞

🧂 材料

蛋挞皮 ················· 6个　　　白糖 ················· 25克　　　牛奶 ················· 100克
鸡蛋 ······· 1个（约60克）

🕐 步骤

1 把鸡蛋和白糖混合搅拌均匀。

2 加入牛奶，继续搅拌至没有颗粒。

3 铝制饭盒里垫上锡纸，然后放上烤网，放入蛋挞皮。

4 把调制好的牛奶液放入蛋挞皮里。

5 盖上盖，放在燃气炉上，中小火烤15分钟。

6 烤至蛋挞表面金黄色即可。

Chapter 7

小吃类

本章用到的器具

三明治夹 p.14

日式烤网 p.14

基础三明治

材料

吐司	2片	生菜	2片
煎蛋	1个	番茄	1/2个

午餐肉 ······ 2片
沙拉酱 ······ 20克

步骤

1 把1片吐司放在模具上，放上生菜和煎蛋。

2 放上切好的番茄片。

3 挤上沙拉酱。

4 放上2片午餐肉。

5 然后放上1片吐司夹上。

6 合上三明治模具，开中火每面各煎1分钟，煎至两面金黄色即可。

金枪鱼三明治

材料

吐司·····················2片
金枪鱼罐头·············1罐
沙拉酱·················3汤匙
黑胡椒碎················1克
芝士片·················1片
欧芹碎、葱花······各适量

步骤

1 把金枪鱼罐头、沙拉酱、葱花、欧芹碎和黑胡椒碎倒在碗中搅拌均匀。

2 把金枪鱼均匀地涂抹在吐司片中。

3 夹紧2片吐司，中间放1片芝士片，然后放在三明治夹中。

4 中小火，每面加热1分钟即可食用。

芝士三明治

材料

吐司·······················2片
芝士片·····················1片
午餐肉·····················3片
沙拉酱、食用油···各适量

步骤

1 三明治夹放食用油，放入午餐肉片，两面煎至金黄色取出。

2 三明治夹放上吐司，涂上沙拉酱，放1片芝士片。

3 把煎好的午餐肉放在吐司上。

4 最后盖上另1片吐司，合上三明治夹，中火每面各加热1分钟，吐司表面金黄色即可。

直火牛油果开放三明治

材料

牛油果··············1个
香菜碎··············适量
柠檬··············半个
番茄··············半个

大蒜··············3瓣
洋葱··············1/10个
海盐··············1克

黑胡椒碎··············1克
辣椒仔酱··············2克
吐司··············2片

步骤

1　番茄去心、切碎，洋葱切末，大蒜切末，牛油果去核。

2　把牛油果、半个柠檬汁、黑胡椒碎、辣椒仔酱、海盐、番茄、洋葱末、香菜碎和蒜末充分压碎混合。

3　把吐司放在直火烤网上，烤至两面金黄色，对半切开。

4　把捣碎的牛油果酱放在上面即可。

黄油吐司

⏱ 步骤

材料

吐司·····················2片
黄油·····················20克
蜂蜜·····················20克
白糖·····················10克

1 黄油加热化开，放入蜂蜜和白糖混合均匀。

2 把黄油均匀地涂抹在吐司上面。

3 直火烤网加热，放入吐司。

4 两面加热至金黄色即可。

鲷鱼烧

材料

鸡蛋·······················170克
白糖·······················75克
蜂蜜·······················30克
低筋面粉·················170克
泡打粉·····················3克
牛奶·······················85克
植物油·····················25克
豆沙馅、黄油······各适量

⏱ **步骤**

1 鸡蛋、白糖、蜂蜜、牛奶和植物油放入碗中拌匀；加入低筋面粉和泡打粉混匀。

2 模具中刷上黄油。

3 放入一半面糊，然后放入1小块豆沙馅。

4 放入另一半面糊，盖上盖，两面分别煎1分钟，煎至金黄色即可。

比利时华夫饼

🧴 材料

中筋面粉·············180克	鸡蛋·················1个	酵母·················2克
黄油···············50克	盐···················1克	豆沙馅············120克
牛奶···············60克	白糖···············15克	

⏱ 步骤

1 把中筋面粉、黄油、牛奶，鸡蛋、盐、白糖和酵母混合在一起，揉成一个光滑的面团。

2 揉好的面团发酵1个小时。

3 把发酵好的面团平均分成6等份。

4 取1份包入适量的豆沙馅。

5 擀成一个饼状。

6 放入华夫饼模具中，刷上黄油，两面分别煎1分钟，煎至金黄色即可。

松饼

材料

低筋面粉……………120克	盐……………………1克	鸡蛋…………………1个
牛奶…………………120克	泡打粉………………5克	
白糖…………………30克	黄油…………………5克	

步骤

1 把牛奶、鸡蛋、白糖和盐放入碗中搅拌均匀。

2 然后放入低筋面粉和泡打粉搅拌成面糊。

3 平底锅开中小火加热，刷上黄油。

4 取1份面糊放入锅中。

5 一面煎至定形后翻面。

6 两面都煎至金黄色即可。

黄油爆米花

🍶 **材料**

玉米粒 ·············· 60克　　　黄油 ·············· 30克　　　白糖 ·············· 20克

⏲ **步骤**

1 铝饭盒小火加热后放入
黄油融化。

2 放入玉米粒炒匀。

3 放入白糖，炒至糖完全
融化并且显现出焦糖色。

4 当有玉米爆开的时候，
盖上盖，改成小火加热。

5 不停地摇动饭盒，使其
底部均匀受热。

6 加热2分钟左右，当玉米
停止爆开的时候，关火
打开盖子即可食用。

苏打饼干夹棉花糖

🥄 **材料**

苏打饼干、棉花糖……各适量

⏲ **步骤**

1 棉花糖用签子插入。

2 放在火上烤至表面金黄色。

3 取1块苏打饼干,把烤好的棉花糖放在中间。

4 另取1块苏打饼干盖在棉花糖上,2块饼干夹紧即可。

烤包子

🍶 材料

包子⋯⋯⋯⋯⋯⋯⋯ 1个   橄榄油、白芝麻⋯ 各适量

⏲ 步骤

1 三明治夹加热，放入适量的橄榄油。

2 放入包子，然后把三明治夹合上。

3 两面分别加热1分钟，加热至包子表面变成金黄色。

4 取出包子，撒上白芝麻即可。

冰花煎饺

材料

饺子·····················9个   水·····················5汤匙   食用油、黑芝麻··· 各适量
玉米淀粉········· 1/2汤匙

步骤

1 三明治夹烧热后放上适量的食用油。

2 把饺子均匀地摆放在里面。

3 小火煎至底部变成金黄色。

4 玉米淀粉和水按照1：10的比例，调匀放入三明治夹里，差不多没过饺子的1/3。

5 然后合上三明治夹，小火继续加热。

6 等到饺子底部焦化，撒上黑芝麻即可。

红豆汤烤年糕

🧂 材料

红豆·················200克   冰糖·················40克   年糕·················1份

⏱ 步骤

1　红豆提前浸泡一夜。

2　锅中放入红豆，加水至水面高于红豆2厘米。

3　加热至红豆完全熟透，加入冰糖。

4　取1块年糕放在火上烤至两面金黄色。

5　把红豆汤盛在汤碗中。

6　烤年糕搭配红豆汤一起食用即可。

Chapter 8

饮品类

本章用到的器具

不锈钢手冲烧水壶
p.15

铝制烧水壶 p.15

摩卡壶 p.15

手冲咖啡

材料

咖啡豆 ·················· 16克 水 ························· 适量

步骤

1 燃气炉烧开水，关火静置1分钟，使得温度降到90℃左右。

2 称16克咖啡豆，用手摇磨豆机进行磨豆。

3 磨成砂糖粗细的咖啡粉备用。

4 事先用水浸湿滤纸，放入咖啡粉。

5 手冲咖啡计时开始，第一次注入30克水，等待30秒闷蒸。

6 第二次注水到100克，等待1分钟完全排气。

7 第三次注水到260克，等待2分30秒即可饮用。

摩卡壶美式咖啡

材料

咖啡豆 ·················· 27克 热水 ·················· 280克

步骤

1 把咖啡豆放入磨豆机中，磨至粗细度跟砂糖差不多即可。

2 把磨好的咖啡粉放入粉碗中。

3 把热水加入到摩卡壶中，拧紧摩卡壶。

4 放在炉子上小火加热。

5 咖啡液持续产生，最后出现泛白大气泡的时候关火。

6 杯子中加入200克热水，倒入60克左右咖啡液即可。

挂耳包咖啡

材料

挂耳包咖啡 ············ 1袋　　水 ··················· 160克

步骤

1 水壶烧开水后静置1分钟，使得温度降到90℃左右。

2 打开挂耳包咖啡，挂在杯子上，杯子容量建议在300毫升以上。

3 开始第一次注水，把整个咖啡粉都浸湿。

4 开始第二次注水，控制水流，冲至咖啡液与挂耳包底部平齐即可。

野格特调咖啡

🍶 材料

野格·················20克　　水·················60克　　迷迭香·················1只
浓缩咖啡液··········30克　　柠檬·················1片　　冰块·················适量

🫖 步骤

1　用摩卡壶萃取30克浓缩
　　咖啡液。

2　杯中放入水，加上冰块。

3　把咖啡液放入杯中。

4　放上柠檬片，迷迭香，
　　插入小瓶野格即可。

生椰拿铁

材料

生椰汁 ·············· 200克
牛奶 ·············· 100克

浓缩咖啡液 ·········· 20克

冰块 ·············· 适量

步骤

1 用摩卡壶咖啡萃取1份浓缩咖啡液。

2 杯子中放入1半冰块。

3 加入200克生椰汁。

4 再加入100克牛奶。

5 最后加入20克浓缩咖啡液即可。

柠檬红茶咖啡

材料

柠檬红茶⋯⋯⋯⋯⋯1瓶　　浓缩咖啡液⋯⋯⋯⋯⋯1份　　冰块⋯⋯⋯⋯⋯⋯⋯适量
柠檬⋯⋯⋯⋯⋯⋯⋯2片

步骤

1 用摩卡壶萃取1份浓缩咖啡液。

2 杯子中放入冰块，加入柠檬片，倒入柠檬红茶。

3 然后倒入浓缩咖啡液。

4 最后在杯子边放上1片柠檬装饰即可。

焦糖奶茶

材料

白糖·····················15克　　开水·····················30克　　牛奶·····················250克
茶包·····················3克

步骤

1 把白糖放入锅中，小火
　炒至糖变成焦糖色。

2 加入30克开水。

3 再加入250克牛奶，加
　入茶包煮开。

4 捞出茶叶，倒入杯子中
　即可。

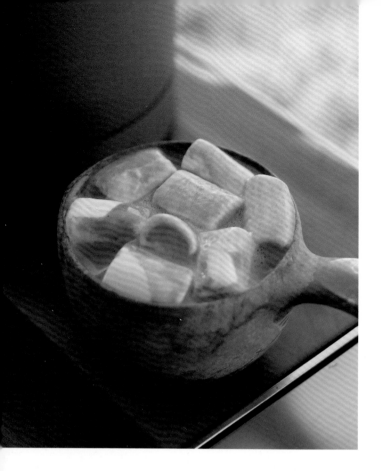

棉花糖热可可

🍶 材料

牛奶·················200克
可可粉···············15克
棉花糖···············8个

⏱ 步骤

1　锅中放入牛奶开小火煮热。

2　加入可可粉，边加热边搅拌。

3　搅拌至可可粉完全溶解。

4　把牛奶倒入杯子中。

5　加入棉花糖即可。

西班牙水果热红酒

🫙 材料

红酒·······750克	丁香·······5个	冰糖·······20克
橙子·······1个	八角·······1个	蜂蜜·······20克
苹果·······1个	香叶·······3片	
柠檬·······3片	肉桂·······1个	

🍲 步骤

1 橙子对半切开，一半切片，一半插上丁香。

2 苹果去心、切片，柠檬切片备用。

3 把所有水果放入汤锅中，加入红酒放八角、香叶、肉桂、冰糖、蜂蜜。

4 煮15分钟即可，最后倒入杯子中装饰好。

黄油啤酒

材料

红糖·················100克　　黄油·················40克　　啤酒·················1罐
水·····················20克　　淡奶油·············220克

步骤

1　把红糖倒入锅中，加入20克水煮至冒泡。

2　然后加入黄油和120克淡奶油，煮至完全融化，做成糖浆备用。

3　取100克淡奶油，打发至半流动状，放入一点糖浆，搅拌均匀做成奶盖。

4　杯子底部加入30克做好的糖浆。

5　加入啤酒搅拌均匀。

6　最后浇上打发的奶盖即可。

Chapter 9

露营小贴士

露营设备携带建议

⛺ 1~2人露营建议

① **帐篷**

庇护所帐篷，或者小金字塔帐篷加天幕组合

② **灶具**

单头炉具

③ **桌椅**

桌子一张，椅子两把

④ **厨具**

收纳架，锅，盘子，咖啡壶等器具

⑤ **收纳**

保温箱，收纳袋

食材

新鲜食材需冷藏保存：肉类，蔬菜，半成品食材

易保存食材

面包，方便面，罐头类，不易变质蔬菜，粮食，水，饮料，调料

根据人数，美食料理出品，露营时间和季节选择不同的装备。

🏕 4~5人露营建议

帐篷

选择多人隧道帐篷，或者大型金字塔帐篷加天幕组合

① 灶具

双头炉具

② 桌椅

大号桌子一张，或者小号桌子两张，椅子四把

③ 厨具

收纳架，收纳袋，锅碗，盘子，烧水壶等器具

④ 收纳

保温箱，保温桶，车载冰箱，收纳袋

⑤ 食材

新鲜食材需冷藏保存：肉类，蔬菜，半成品食材

⑥ 易保存食材

面包，方便面，罐头类，不易变质蔬菜，粮食，水，饮料，调料

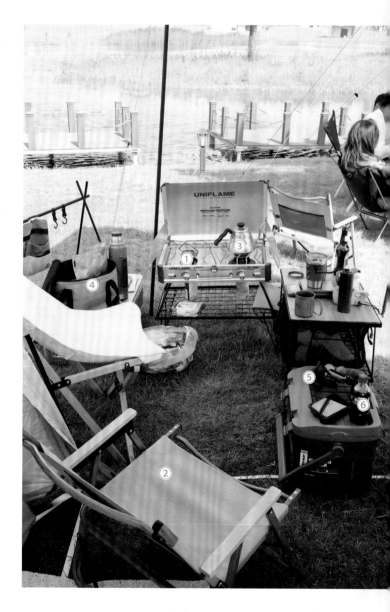

露营装备选购建议

帐篷

现在帐篷的外形有很多,大致分为:隧道帐篷、印第安帐篷、球形帐篷、春日帐篷、屋脊帐篷、庇护所帐篷和公园帐篷等,按使用季节则分为三季帐篷和四季帐篷。材质通常有尼龙、牛津布、棉布、涤纶等,可以根据使用人数、防晒和防雨指数、使用季节来选购。建议一家三口可以选择隧道帐篷,自由之魂云途帐篷就是我经常携带的,一室一厅兼顾休息和活动空间。

天幕

天幕适合精致露营,携带重量轻,防晒防雨效果好,可以根据使用人数选择不同外形和尺寸大小。天幕的材质大致有尼龙、牛津布、棉布和涤纶,不同的材质在重量和质感上也有所不同,防晒指数也是选购天幕的标准之一,有涂硅、涂银和黑胶的,另外防水指数也很重要。建议使用轻便防晒的尼龙涂硅材料的天幕,比如自由之魂白标系列。

桌子

按照材质和功能可以分为:实木桌、金属桌、组合桌、活动桌(IGT桌)、蛋卷桌等,不同的桌子在重量和扩展功能上都有所不同,如果是搬家式露营可以选择功能和颜值高的爱路客活动桌(IGT桌)和蛋卷桌。如果是轻量化露营可以选择较轻的铝合金桌子。

椅子

露营椅子大概分为:克米特椅子、金属折叠椅、蝴蝶椅、月亮椅等,搬家式露营可以选择爱路客克米特椅子或者金属折叠椅,舒适度很好。如果是轻量化露营,可以选择月亮椅,携带方便重量轻。

营地的选择

周末露营可以选择离城市1~2小时车程的周边近郊,这样能避免长时间开车造成的疲劳,影响露营质量。露营地多以草地、山地和溪边为主,选择扎营地时尽量选择视野较为开阔,地势平坦且较高,周边有生活水源的地方。如果在草地扎营,尽量远离灌木丛,以免蚊虫蛇鼠出没。如果在山地扎营,则建议选择山脊的侧面背风处,远离山底避免落石等危险。不要在山顶、空旷地或者大树下面扎营,避免雷雨天遭遇雷击。如果选择溪边,则至少离水边5米以外扎营,以保证安全。

新手则建议选择正规的营地,能提供一些基础的设施,比如水源、电源、卫生间、垃圾回收处等,能够更好地给户外露营创造愉悦的环境氛围和安全保障。如果自行选择营地,除了注意以上提到的重点,还要记得保护环境,安全用火,收拾垃圾,做到无痕露营!